U0394797

小日子

喂，这样穿好吗？

[日] 香菜子 著　纪鑫 译

青岛出版社
QINGDAO PUBLISHING HOUSE

图书在版编目（CIP）数据

喂，这样穿好吗？ /（日）香菜子著；纪鑫译. --青岛：青岛出版社，2018.1
（小日子）
ISBN 978-7-5552-6424-8

Ⅰ.①喂… Ⅱ.①香… ②纪… Ⅲ.①服饰美学－通俗读物 Ⅳ.①TS941.11-49

中国版本图书馆CIP数据核字(2017)第302497号

FUDANGI NO JIYUKENKYU
Copyright © 2015 KANAKO
All rights reserved.
Originally published in Japan in 2015 by SHUFUTOSEIKATSUSHA CO., LTD.
Chinese (in simplified character only) translation rights arranged with SHUFUTOSEIKATSUSHA CO., LTD., Japan.
through CREEK & RIVER Co., Ltd. and CREEK & RIVER SHANGHAI Co., Ltd.

山东省版权局版权登记号：图字15-2017-265

书　　　名	喂，这样穿好吗？	
著　　　者	[日]香菜子	
译　　　者	纪　鑫	
出版发行	青岛出版社	
社　　　址	青岛市海尔路182号（266061）	
本社网址	http://www.qdpub.com	
邮购电话	13335059110　0532-68068026	
策划编辑	刘海波　周鸿媛	
责任编辑	王　宁	
特约编辑	刘百玉　孔晓南	
封面设计	iDesign studio	
排　　　版	iDesign studio	
印　　　刷	青岛海蓝印刷有限责任公司	
出版日期	2018年2月第1版　2018年4月第2次印刷	
开　　　本	32开（148毫米×210毫米）	
印　　　张	3.75	
字　　　数	60千	
图　　　数	629幅	
印　　　数	6501-11600	
书　　　号	ISBN 978-7-5552-6424-8	
定　　　价	39.80元	

编校印装质量、盗版监督服务电话：4006532017　0532-68068638
建议陈列类别：服饰美容、时尚生活

因为孩子们渐渐地到了能照顾自己的年龄，所以香菜子每天可支配的时间也一点点地多了起来。闲暇时，她或在工作室里作插画，或到附近咖啡馆享受一下"什么也不想，只是发发呆"的时光，或跟朋友吃顿饭交流一下感兴趣的信息……虽说都是些微不足道的小事，但这些小小的快乐、小小的刺激始终在不停地撩拨着香菜子的心。

开始总是不在意，等到香菜子意识到这一点，感受
到这些生活小事的不可思议之处，才对自己的日常生活
和今后想要做的改变开始了认真而又具体的思考。

把衣服塞进腰里 p.8

　　以前也有过每天匆匆度日的时候，那时，每天的日程、晚餐的安排和穿着几乎都是凭直觉而定，从不细细思考。而现在香菜子每天都可以先仔细梳理一番，然后对自己发出"GO"（走）的命令，从心底真切地感受到这个过程的乐趣与重要性。

米色衣服的搭配方法 p.18

每天的着装搭配也一样。"为什么配上这件看起来更漂亮？""别的颜色也能穿出同样的效果吗？"香菜子一边琢磨着此类问题，一边将衣服穿上再换下，尝试各种不同的搭配。尽管一开始的选择都在无意识间完成，但她也渐渐总结出了许多自己独创的搭配原则。对于这些发现，香菜子喜不自禁，于是就想对各类服饰都做些深入的了解。

本书的主题为"休闲装自由搭配研究"。就是基于这个主题，香菜子不断提出假设，做出尝试、失败、再尝试……经过无数次实验，终于得出一套穿衣理念，并汇总成本书。同时，借这个机会，香菜子将之前无意中发现的、平日的疑问以及之后想要搞清楚的问题也全部罗列了出来。

带松紧带的长裤
搭配方法 p.78

PART | 1

时尚穿搭研究成果发布

PART | 2

一周旅行的随身衣物搭配

色彩服饰的搭配 p.76

PART | 3

不同部位的穿着搭配

PART | 4

经典与个性搭配

PART

香菜子
研究报告
PART 1

休闲装搭配研究中的情景：先将衣橱里的衣服放到床上进行搭配，并不断尝试不同搭配方案……鞋子也很重要，在地板上铺上报纸，把鞋子放在上面与衣服一起进行搭配实验。

白色内衬的
下摆该露出
多少呢？

果然还是将
上衣塞进去
更赞。

上衣披着穿，也要
穿出"卡哇伊"
（可爱）的感觉！

着装搭配时，"穿对颜色"非常重要，这首先要从按颜色分类整理衣装开始。其中，绿色、红色、黑色不太扎眼，能搭配得恰到好处，最适合做自然装的强调色。至于哪些颜色能够使人显得更可爱或者搭配起来更和谐，香菜子也都反复实验过。

为收集研究资料，每天穿好衣服后对着镜子不断自拍的香菜子，就连穿着室内连帽衫经过镜子时，也忍不住要琢磨一番，于是在不知不觉中又搞起了实验："把帽子立起来的话，是不是就能穿出门了？"尤其是对看起来能够让人更可爱的穿搭方法，香菜子居然研究了整整一年。

第1章 时尚穿搭
研究成果发布

　　翻阅时尚杂志，一定会遇到"脱俗""混搭"等说法，这到底是什么意思呢？香菜子对此也一直抱有疑问，并带着这种疑问亲身尝试、失败、再尝试…… 对此，香菜子进行了全面的研究。最终的结果如何呢？

01

开衫的披肩穿法和系腰穿法
与服装搭配的比较实验

最近，香菜子利用开衫做搭配的时候多了起来。不过，搭配薄款还是厚款、裤装还是裙装、开衫系在什么位置……搭配出来的效果都不尽相同。现在，香菜子要把所有搭配都试穿一遍看一下。

薄开衫		
披肩穿法	**披肩系袖穿法**	**系腰穿法**
和谐度 满分！		
只要将薄开衫轻轻地披在肩上，就会显出自然圆润的线条，使人的整体形象变得柔美。	简单一披，特别是随手系起的袖结恰好起到了突出亮点的作用。	因为面料较薄，所以开衫较软，系在腰间会完全贴在身体上，使穿搭的整体协调性不够完美……
将薄开衫很自然地轻披于肩上，与具有体量感、宽松的连衣裙也颇为般配。	袖子系结后，窄窄的线条似乎配不上宽松连衣裙的存在感。	为了给宽松版连衣裙的线条增添些变化而把开衫系在腰间，却使体量感不足。

左侧行标题：上衣 + 长裤

左侧行标题：宽松版连衣裙

当需要披到或系到肩上时，薄款开衫与身体的线条较搭。
当需要系到腰上时，应选体量较大的厚款开衫。

厚开衫		
披肩穿法	披肩系袖穿法	系腰穿法
厚款开衫不易贴于身体上，感觉稍显唐突，还容易从肩上滑落。	开衫不能很好地贴在身体上，从正面看露出的比较多，袖结也偏大，胸口有鼓鼓的感觉。	将开衫系在腰间大小正合适，整体线条也颇有时尚感。给这样的搭配打满分!
这样穿与瘦长版连衣裙不搭，但与宽松版连衣裙搭配相得益彰，格调高雅了很多。	即便跟宽松版连衣裙搭配，鼓鼓囊囊的袖结从视觉效果上和穿着舒适度上都感觉别扭、不尽如人意。	将厚款开衫系在腰间，线条有起有伏、美观得体。这么穿的窍门是别系太紧，应将开衫略显宽松地缠在腰上。

上衣 + 长裤

宽松版连衣裙

有点翘翘的……

宽松配宽松，平衡感最佳!

体量大的开衫更有型!

02

黑色与不同亮度的灰色的搭配原则

都说黑色难穿，不过"与灰色搭配，问题就能轻松解决"是香菜子的一贯主张。针对不同款式的黑色，选择不同亮度的灰色来搭配是非常重要的。下面，香菜子就将平日里无意识中得出的技巧原则化！

LIGHT GRAY 浅灰色 ———————————————→ GRAY 灰色

只露出一点点的时候

黑灰各半

搭配看似厚重的黑色下装

偏长的黑裙容易给人拘谨的印象，配上浅灰色上衣，可以增添柔美、轻松的感觉。

当灰色从黑色中微微露出一点时，这个亮度最完美。太暗会与黑色融为一体，太亮又像浮在黑色上面。

长袖黑上衣搭配灰色下装时，黑灰各半最自然，深浅适中的灰色可与黑色相互衬托。

小技巧 ←

较重的黑色款式可搭配浅灰色衣服。能露出皮肤面积较大的黑色夏装应配沉稳的深灰色。

DARK GRAY
深灰色

黑灰各半

巧用裙装营造
轻飘飘的
宽松效果

仅在夏季
才有的搭配

裙装也得遵守黑灰各半的原则。另外，背包或鞋子要选白色或黑色以凸显脱俗感，提高搭配的成功率。

穿短袖黑色上衣时肌肤外露面积大，搭配这种有亮度的沉稳的炭灰色最佳。另外，选用质地柔软的裙装会使人倍感清爽。

穿黑色无袖上衣时也要参照左边那套衣服的搭配技巧，选择深灰色的下装。柔滑有垂度的上装与亚麻长裤搭配，感觉更轻盈。

03 "反差搭配"的实验

当香菜子想打扮得稍微别致一些时，就会使出"反差搭配"的技巧：若隐若现、强调色、混搭风……"反差搭配"的方法很多，需要注意哪些方面才能达到最佳效果呢？

活泼有朝气的色彩与素雅的外套形成反差

不动声色地用骷髅手链做"反差搭配"

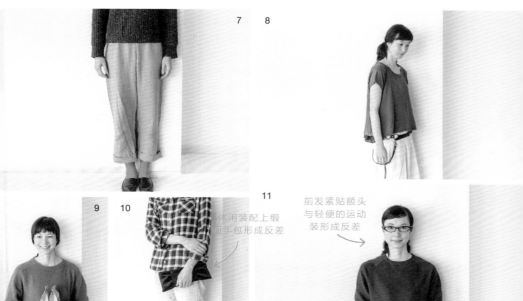

7　8

11

前发紧贴额头
与轻便的运动
装形成反差

休闲装配上缎
面手包形成反差

9　10

1. 从米色外套中间露出一缕艳丽的颜色。注意搭配鲜亮色彩时，要掌握好外露面积，不要太大。**2**. 宽松的裙装配上粗笨的工程靴，凸显张弛有度的美。**3**. 耳钉闪闪发光，担心太扎眼的话，再配上顶针织帽就会起到缓冲作用，恰到好处地突出反差。**4**. 为背带裤配上一双大人常穿的浅口鞋。**5**. 借骷髅雕饰手链悄悄添上点"酷"味，不显眼处的反差更令人着迷。**6**. 黑色连衣裙搭配绿色围巾，选择强调色时应选不亚于原色调存在感的颜色。**7**. 想要突出袜子时，要用深沉的、比较显老气的颜色，这样反差度更高。**8**. 质感柔软的服饰与皮革和金属对比，给人酷酷的印象。**9**. 要展现美甲，建议选用巧克力色等雅致或浓重的颜色，而非又浅又亮的颜色。**10**. 正因为是明显的男性化装束，才要配上女人味十足的缎面手包。**11**. 轻便的运动衫配紧贴额头的前发，再加上中规中矩的眼镜，恰好达到平衡。

小技巧

　　为休闲随意的着装添加较强的色彩或风格迥异的饰物的原则是：只添加一样或者一点。要记住，"熟女"意识最重要！

04

针对"为什么塞进腰里就变好看了"的神奇度调查

最近，香菜子抱着"先塞进腰里试试看"的态度做实验做得上了瘾。难道是体形突然变好看了？香菜子分别试穿不同的上衣，果然发现了这些穿搭的共通点。

薄款 T 恤

普通 T 恤

系扣开衫

不塞进腰里

像个中学生？

塞进腰里

居家常穿的 T 恤＋印花长裤。T 恤塞进腰里后松垮懒散的感觉变淡，轻便的运动鞋也尽显别致。

T 恤只要不塞进腰里都容易穿成水桶腰的模样，而将裙装腰部外露，则线条分明、轮廓毕现。

单色调搭配，尤其是一袭黑色时，线条整洁流畅是关键。将开衫下摆塞进腰里也不失为一个好办法。

将衣服下摆塞进腰里，使腰际线上移，有使腿部显长的效果。结合上衣款式，选择"紧紧地塞进腰里"或者"蓬蓬松松地塞进腰里"，酌情调节出更强烈的时尚感。

不系扣开衫

宽松套头衫

紧身
针织高领衫

腰际线
提高了!

将开襟罩衫下摆稍稍重叠并整理出褶皱效果塞进腰里，这种穿法让时尚度骤然提升，最适合搭配松紧腰的裙装。

穿薄面料上衣时，下装的腰际线容易透出来，这时将上衣蓬蓬松松地塞进腰里才是正确穿法。

只将紧身针织衫塞进腰里就有了腰际线上提和大长腿的效果，还能保持我们整体轮廓线不变。

05 加减法显苗条原则

早晨换好衣服后，站在镜前再次审视全身是香菜子的习惯。这时，能发现诸如"稍有美中不足""视觉上脚下太重"等需要微调又极为关键的问题。现将加减法技巧逐一列出！

⊕ 加法

改造前

改造后

加件
背心

样式简单的上衣与外套之间加入一件背心，之前单调的休闲搭配便有了节奏感与正装感。若要选择与外套同色系的内搭服饰，选择薄款开衫亦可。

改造前

改造后

加条
腰带

将衣服下摆塞进腰里时，香菜子认为不必在意腰间装饰，所以基本不扎腰带。不过，为与上身的黑色字母相呼应，配上条细细的黑腰带，能散发出浓浓的成熟韵味！

小技巧 ←

加法技巧是指在感觉意犹未尽的身体某一部位加进一件顺色饰物。
减法技巧是指在减去饰物本身会使平衡感遭到破坏时，减小饰物
体积或减少颜色数量。

○ 减 法

改造前

改造后

缩减
体积

穿夹克时，使整体线条紧致内敛是个铁的原则。因此围巾也要收拢，避
免鼓鼓囊囊，可以适当露出肌肤，更显轻松随意。

改造前

改造后

紧身
线条

配长裙的厚袜子堆积得严严实实，秋冬季节倒是显得可爱，春夏则略显繁
琐。只要换成紧身材质的薄款袜子，便能即刻轻快利落起来。

06 混搭时，款式选择很重要

简便与华丽、柔美与俊朗、昂贵与实惠……混搭的方式五花八门，本章准备了男装、女装各三件作为实验品，以总结混搭的选择技巧与搭配技巧！

BOYISH 男装混搭

A　　　　　　　B　　　　　　　C

平分秋色
式的混搭

AD　　　　　　　BD　　　　　　　CD

曲线球式
的混搭

男款紧凑版的运动夹克与宽松版长裙搭配，创造出咸甜各半的混搭效果。背包与鞋应选男女通用的中性样式。

轻便的灰色运动衫与男款下装极难搭配，但配上女人味十足的长裙，却能尽显窈窕自然之美。

在无袖衫加长裙这种纯女性化的穿着上搭件法兰绒衬衣更能显出清爽效果。如果想将衬衣穿到身上，应将衬衣下摆塞进腰里。

GIRLY女装混搭

D　　　　　　　E　　　　　　　F

B F　　　　　　　C E　　　　　　　A F

高级
混搭

初级
混搭

将运动衫随意地套在身上，下装选择连衣裙，这样可中和掉连衣裙的柔软。运动衫的松紧带下摆可适当收紧腰部，更能凸显出腰部线条。

将法兰绒衬衣的袖口上卷，突出女性线条特征。铅笔裙配皮制无带手包，干练熟女的便装搭配成功！

色调雅致的连衣裙单穿的话有赴宴装的感觉，配上运动夹克这一动感元素就变成轻便的休闲装了。夹克无需系扣，只要穿上即可。

07

给简约的服饰加上点"配料"，搭配空间能增大多少

米色粗眼针织套头衫配白裙。在这个简单的着装组合上分别添加外套、内衬、围巾、披肩、包包等，能使形象改变到何种程度？实验开始！对于香菜子来说，应该有 20 种搭配可行！

[添加外套]

如果上装、下装同色系，外套也要选同色系的，但要注意表现色调的层次变化。配亚麻外套彰显休闲感觉，搭短款夹克则秒变清爽式样。

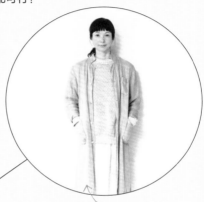

同色系套穿，
只需变变轮廓线

[基础组合]

[添加内衬]

在领口或下摆露出一抹活泼亮丽的色彩，仅此一点就起到了提升衣服"颜值"的效果，让人印象深刻。而配上白衬衣，便能马上带来柔美端庄的风韵。

用外露的颜色
与形状搭配

14

常规搭配中，以常穿的经典款式为基础并尝试拓展才是成功的秘诀。
要想使形象焕然一新，则应突出"意想不到的搭配"效果。

增大搭配单
品的面积，形
象马上改变

添加围巾、披肩

将灰色薄款披肩展开
披上肩头! 用鲜亮的
黄色围巾作强调。正
因为是浅色调服饰，
所以才能充分表现围
巾类饰物的别致。

休闲还是装饰，
视包包而定

添加包包

着装简单时不配包
包完全没问题，当然
也可选配图案个性
分明的包包。双肩背
包强调休闲感，而拿
迷你包时则要增加
一件饰物。

08 穿出脱俗感的实验

"着装搭配的核心是脱俗感",常听到这句话,但仔细想想,所谓的脱俗感到底是什么?与香菜子说的"打破框框""混搭"基本是同一意思吗?在得出结论前,还是要先多多实践。

2

用宽大的白色提包制造脱俗感

1

4

3

让衬衣蓬松起来制造脱俗感

穿双厚袜子制造脱俗感

5

6

1. 黑色高领衫＋外套＋长靴，这种稍感厚重的冬装搭配白色大提包，便能增添轻松感和轻盈感。2. 大胆地为漂亮外套配上斜背包，再将开衫随意地系在包上，庄重又不失活泼。3. 给板正的衬衣解开粒纽扣，将袖口随意挽起，再将衬衣下摆蓬蓬松松地塞进腰里。这样的搭配，即便不再添加什么，也能穿出脱俗感。

7

背轻便款腰包
制造脱俗感

8

外露白色内衬
制造脱俗感

9

4. 中线笔直的长裤配上轻便的运动鞋。不用挽裤脚，尝试"规规矩矩"与"随随便便"同时存在的搭配。5. 穿双厚袜子打破常规，再配上漆皮凉鞋，脱俗感立现。6. 熟女韵味颇强的缎面长裙下不配华贵的凉鞋，而是大胆地选双沙滩人字拖穿上，整体风格立刻变为低调的休闲风。7. 将麦秸帽轻松随意地扣在头上，缓和一下黑色上衣的庄重感。8. 给女人味十足的粗眼针织衫与裙装配上运动腰包来换换心情。9. 在给人时髦印象的"黑＋黑"搭配中夹进白色，整体风格瞬间变得轻盈。

 小技巧

感觉"太过中规中矩"的时候，可在其中拓出一块让人能够稍稍放松的区域。比如将某个位置搞得随意些或添加点白色、挽起袖口等。

09

探索米色衣服的搭配色

香菜子的大部分衣服是米色的，内衣也好，外套也罢。正因为每天都穿米色，才一点点地弄清了适合与之搭配的色彩。那么，能衬托米色美感的是哪几种颜色呢?

WHITE 白色

象牙色或原白色容易与米色融为一体，不够醒目。因此，米色与白色搭配时，要选对比分明、张弛有度的纯白色。

BROWN 有内涵的棕色

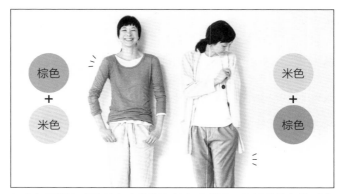

与米色属同色系的棕色也能很好地与之搭配，尤其是偏红的或偏灰的棕色，搭配这样有内涵的颜色看起来更雅致。不过，这样搭配会一不小心"变大妈"，所以最好加进清爽的白色调和一下。

小技巧

米色搭配白色要选纯白色搭配；搭配棕色要选有内涵的色调；
搭配灰色要选炭灰色；搭配蓝色要选天蓝色。

CHARCOAL GRAY 炭灰色

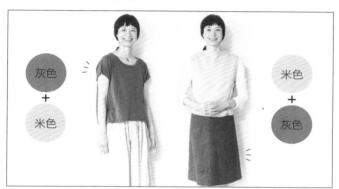

米色与各种颜色的灰色都搭，特别是与深色调的炭灰色搭配，能突出熟女气质，这一直是香菜子的经典搭配选择。

SAXE BLUE 萨克斯蓝

跟蓝色搭配时，米色会给人清爽的印象。尤其与明快的天蓝色搭配，会散发出难以言表的高雅，再加进白色或黑色，整体搭配上便有了更加精致的效果。

10

有关"时尚……不将就！"的新定论

抢在季节前面，是时尚圈铁的原则。不过，早春尚冷、初秋还热，在这种难穿衣的时节，怎样穿得正好、穿得时尚、穿得舒服、穿得不将就？这是个永远都需要探究的课题。

春天

春来了，可天还冷！

纯白的
春天印象

四件套装

三件套装

柠檬黄的
春日风情

白色亚麻外套与蓝色开衫散发出春的气息；外套里面套着针织上装与棉织下装，裤脚还特别塞进了袜筒里；凉鞋让脚下更轻快。这样穿会非常暖和。

柠檬黄针织衫与天蓝色长裤这对色彩明快的搭配，不着痕迹地淡化了稍稍偏厚的长风衣的存在感。开衫不系扣，使整体搭配看起来极为轻盈。

春天，将色彩亮丽的服饰套穿得不那么扎眼。
秋天，通风性好、端庄沉稳的黑色调衣装一件足够。

秋天

秋到了，可天还热！

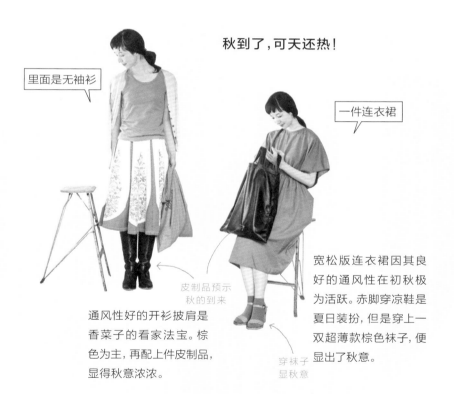

里面是无袖衫

一件连衣裙

皮制品预示
秋的到来

穿袜子
显秋意

通风性好的开衫披肩是
香菜子的看家法宝。棕
色为主，再配上件皮制品，
显得秋意浓浓。

宽松版连衣裙因其良
好的通风性在初秋极
为活跃。赤脚穿凉鞋是
夏日装扮，但是穿上一
双超薄款棕色袜子，便
显出了秋意。

PART

香菜子
自由研究报告
PART 2

妄想一味
膨胀!

PART

SPRING 春  巴黎 京都 秋 AUTUMN

SUMMER 夏  轻井泽 娘家 冬 WINTER

第 2 章 一周旅行的
随身衣物搭配

本章是香菜子的"模拟旅行",将以"衣服、鞋子、包包各带多少,能保证一周时间里每天都可爱"为题开始实验。虽然是"模拟旅行",但是在这样的季节里想去这些地方、想穿这些衣服的心情可是实实在在的哦!

春之旅

1. 薄款背心
2. 针织内搭
3. 针织内搭
4. 薄开衫
5. 短衫
6. 宽松半裙
7. 牛仔裤
8. 收腿裤
9. 运动鞋
10. 凉鞋
11. 皮鞋
12. 袜子
13. 袜子
14. 高筒袜
15. 单肩包
16. 篮式提包

一周行程的随身衣装

1. 将薄款背心塞进腰里，可以使身材线条更可爱。2. 正合身的螺纹针织内搭用途多多。3. 黑色之外还需要再带一件的话，就选件色调柔和的。4. 薄款开衫用作披肩或者系在腰上都可以。5. 短衫可搭配裤子或裙子，随意变换形象。6. 宽松半裙轻便休闲。7. 牛仔裤是百搭单品。8. 收腿裤有庄重感。9. 逛街一定要带上合脚的运动鞋。

10. 选用绒面材质的凉鞋，不会显得太随便。11. 想带双正式点的鞋，就带这双吧。12. 白色袜子给脚下带来清爽的感觉。13. 带双容易配色的灰袜子。14. 薄款的高筒袜，当紧身连脚裤穿也不错。15. 厚款的棉布包结结实实，再选择能空出双手的挎肩式样，充分为旅行提供便利。16. 别致的篮式提包，可与衣着搭配。

独自去远行——
心仪已久的时尚之都

　　孩子们已经长大,该一个人出门走走了!于是,想象着在最向往的都市——巴黎逛街购物的情景,香菜子选定了随身携带的衣装。人在旅途,香菜子并不想在衣着方面修饰过度,而是使自己的形象自然得体,能够很好地与街景融为一体。这个季节温差较大,披肩款和可以套穿的薄款服饰是必备之物。

1. 到达目的地后马上行动,找到一家美味的咖啡馆。大清早出门时多半凉飕飕的,所以将开衫系在腰上,将两件不同颜色的针织衫套在身上,下摆处露出的米色与鞋子的颜色相呼应。**2**. 这是走进时装店也不会胆怯的装束,短款 T 恤外套与裙子突出线条变化,披肩开衫使重心上移产生亮点。

3 / 周二

买块好吃的糕点

4 / 周三

在小旅馆里休息片刻

5 / 周五

在小餐馆里吃晚餐

6 / 周六

早晨漫步于街头

3. 人气面包房或糕点屋是每天的
必经之处。今天的这身是前一
天衣着的改装版，只需将短款连
衣裙露出裙外，整体形象就大为
改观。与宽松的线条搭配时，不
穿袜子，脚踝外露最清爽。4. 投
宿在小巧的公寓式酒店里最理想。
即便是休闲装，配上黑色系带皮
鞋也能烘托出沉稳的熟女气质。
5. 尽情享用美食、美酒时，衣装
绝不该将身体裹得太紧。下装虽
然是紧身的瘦腿裤，却有足够的
弹性。6. 前一天吃得太饱；第二
天缓缓漫步街头。裙装下配条牛
仔裤，活动起来也方便；脚下当
然是去哪儿都不成问题的运动
鞋！7. 散步时顺便逛市场，带上
大大的篮式提包。身上色调雅致、
穿法统一，配上篮式提包的轻巧
恰到好处。顺便，将同色系的开
衫搭在包上作强调色。

散步

7 / 周日

夏之旅

1. 丝质开衫
2. T恤
3. 无袖衬衫
4. 草帽
5. 牛仔裤
6. 宽松裤
7. 凉鞋
8. 凉鞋
9. 凉鞋
10. 围巾
11. 项链
12. 项链
13. 皮包
14. 手提包
15. 手袋
16. 连衣裙

一周行程的随身衣装

1. 一件稳重而有质感的丝质开衫可缓和夏装的过度随意感。2. 挑选印有熟女气质字母的T恤衫。3. 图案精致、胸口带有荷叶边等强调细节的上衣，只穿一件就能有模有样。4. 可折叠草帽最适合出门旅行携带。5. 穿条颜色稍深的瘦身牛仔裤，不会显得过于休闲。6. 宽松裤的柔和线条勾勒出的雅致氛围出人意料。7. 漆皮材质的凉鞋能够提升熟女韵味。8. 去餐厅时穿上高跟凉鞋。9. 银色鞋带的人字拖落落大方。10. 围巾上的流苏是亮点。11. 华美低调的布质项链。12. 木质大尺码项链，高品位的夏季单品配饰。13. 高档提包是度假必备单品。14. 纯白亚麻质地的大手提袋增添轻快与凉爽感。15. 带上与这个季节最般配的酒椰材质手袋。16. 简约的连衣裙轻便又自然。

下榻避暑胜地的古雅酒店，
享受悠闲慢时光

　　香菜子想象暑期与家人去轻井泽或上高地等地的高原度假区避暑，并按此设想选择着装与小饰物。这个季节，随身衣物往往是清一色的休闲轻便款。因为难得出次门，打算去家高品位的餐厅吃顿饭，还想去附近格调高雅的美术馆走走，因此香菜子也悄悄带了些既轻便雅致又端庄稳重的小饰物。

1. 一家四口的衣物都集中在大旅行箱里。携带大物件起程时，T恤衫与牛仔裤的搭配最轻便。不过，入住高档酒店，还应配上不破坏整体气氛的手袋与漆皮凉鞋，让人感受到旅人的高雅品位。2. 在露台上远望树林，消磨一天的悠闲时光。宽松的无袖衬衫配人字拖轻松惬意，牛仔裤凸显了女性的柔美。

3 / 周三

窗边赏景

4 / 周

盛装出席晚宴

5 / 周五

去前厅

6 / 周

酒店内闲逛

度假结束返程

3. 酒店内的着装应选择休闲优雅的款式，再配上轻便宽松裤、薄款开衫与大尺码项链，更显熟女风韵。4. 平时没机会，出门在外要正儿八经地打扮一番，盛装出席晚宴。黑色连衣裙＋高跟凉鞋＋手袋＋项链的搭配，与格调高雅的餐厅极为相称；同时不忘披件开衫应对室内冷气。5. 连衣裙下套宽松裤，一身裙式休闲打扮，再搭条窄围巾，凸显修长高挑的身材。6. 难得来一趟，想在酒店内各处转转看看，T恤衫与宽松裤的搭配带来轻盈感；将衣服下摆塞进腰里，再配上手袋，立显成熟端庄；精巧缠绕脖颈的白围巾突显清凉感。7. 回味旅途余韵，穿上一袭连衣裙为主的度假衣装踏上归途；帽子与手包的材质也要相配，在深色调中突出夏的清爽。

秋之旅

1. 针织内搭
2. 套头衫
3. T恤
4. 夹克衫
5. 亚麻外套
6. 运动裤
7. 裙子
8. 裤子
9. 帆布鞋
10. 无带鞋
11. 懒人鞋
12. 袜子
13. 围巾
14. 皮包
15. 篮式包

一周行程的随身衣装

1. 套在里面穿也显轻盈的薄款白色针织衫。**2.** 沉稳的深色上装，后背稍稍开衩的熟女式样。**3.** 有内涵的棕色搭配不同款式衣服既自然又高雅。**4.** 夹克衫要选既能塞进包里，又能将袖子挽起的款式。**5.** 亚麻外套线条宽松，方便套穿。**6.** 轻便舒适的运动裤要与有正装感的服饰搭配，既方便出行还可以作为在旅馆消磨休闲时光的穿着。**7.** 亚麻长裙活动起来方便，也适合旅途行走。

8. 线条流畅的长裤品位高雅。**9.** 与任何款式都方便搭配的"匡威"品牌的帆布鞋。**10.** 有内涵的棕色无带鞋尽显秋韵。**11.** 皮质懒人鞋要选简洁轻便的。**12.** 稍稍外露、突出局部的多色菱形图案袜子。**13.** 大开幅围巾披在肩头有披件外衣的感觉。**14.** 大手提袋也选皮质的，且应选这种雅致的颜色。**15.** 篮式包恰好用来显显"正经"。

在平和宁静的古都游玩

　　丛林染红之时，香菜子最想去的地方是京都。香菜子设想与一位要好的友人结伴出行，去逛逛远离市中心的寺院以及惊喜不断的宅间小巷。她最先考虑要带的是行走轻便的鞋子；再带件可随手一叠的夹克衫，就算比较正式的场所也能进出自如，非常方便。

1. 在坡道较多的街区，穿上运动裤和运动鞋大步流星地行走！不过，寺院是个神圣的地方，应该披上夹克，围上色彩稳重的围巾，显得不那么随便。**2**. 旅途中小酌一杯别有一番风味。光艳无皱的上装与稍显亮色的长裤，穿出稍稍超越自我的搭配风格；别忘穿双多色菱形图案的袜子，增添些属于自己的特色。

3. 逛美术馆或画廊是能与自己面对面的宝贵时间。穿如此大格子图案的外衣绝对需要勇气，而这条宽围巾似乎就好接受一些；上衣要选围巾图案中的一种颜色，可凸显苗条修长的身材。4. 发现自己心仪的咖啡馆，闲坐下来。天黑了，直接在这里点上晚餐与葡萄酒。这样的日子里，穿亚麻外套与运动裤最是休闲轻便。5. 柔软的亚麻外套也可当作围巾，冷了还能穿在身上，非常方便。6. 徜徉街头，找寻可爱的特产，在店门别致的店里淘到宝贝的概率最高。即便同时穿两件长款衣物，只要其中一款色彩艳丽、一款低调，一张一弛，整体便能和谐自然。7. 在衣着随便就不好意思登门的老店，穿身有正装感的夹克衫就可大大方方地待下去。

4／周四

在咖啡馆
小憩

5／周五

去寺院
参拜

6／周六

选购特产

7／周日

在老字号西餐厅用午餐

冬之旅

1.T恤
2.针织衫
3.毛衣
4.风衣外套
6.连衣裙
8.裙子
7.修身裤
9.裤子
18.手提包
19.单肩包
10.凉鞋
13.围巾
5.外套
17.手提包
11.皮鞋
12.靴子
14.打底袜
15.袜子
16.袜子
一周行程的随身衣装

1. 在冬季，白色最能穿出轻盈效果。
2.V领针织衫，棕色百搭。3. 保暖的马海毛毛衣，编织密实度不必太高。4. 以手感柔软的毛料为主的着装，搭配风格略显硬朗的风衣突显不俗。5. 再带一件式样简单的外套。6. 棉质连衣裙的材质在冬天极为新鲜。7. 方便塞进长筒靴里的修身版长裤。8. 增添轻盈感的白色棉质裙子。9. 最适合轻松假期的男款松紧带裤脚长裤。10. 因穿厚款袜子的时间较多，肥大些的皮质凉鞋更方便。

11. 鳄鱼皮低跟皮鞋不经意间透露出优雅、高品位。12. 长筒靴是这个季节的必备单品。13. 戴法不同，形象就会大为不同的大码围巾也是必备。14. 紧身打底袜选炭灰色，将女性的柔美恰到好处地表现出来。15. 厚款袜子也选"万能灰"色。16. 强调深色时穿这双袜子。17. 迷你手提包选款图案大胆的也无妨。18. 在衣物材质较厚重的冬季，包包切记别太厚重。19. 单肩小挎包有装饰物的感觉。

回娘家，与家人共度悠闲时光

虽说是放松身心的省亲之旅，但因为又要见朋友又要出门购物，活动颇多，所以一定要带些能好好装扮自己的衣服。香菜子每年回娘家都会准备两种以上的鞋子和包包，可以针对不同情况使用。还会带上可自由搭配的基本款衣物，即便停留时间较长，衣着也不会千篇一律！

1. 驾车时的常规穿着是宽松针织衫配运动长裤。这样不但穿得舒适，袜子的色调还能平添一份可爱感。**2**. 约好久不见的朋友在咖啡馆见面，用冬季里更加引人注目的纯白棉布裙做主角。这样穿虽然看上去单薄，但配上长筒靴与厚款打底裤，实际上很暖和。

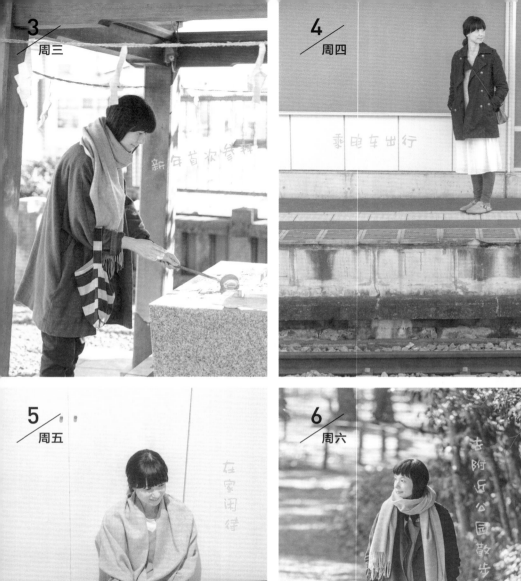

3／周三

新年首次参拜

4／周四

乘电车出行

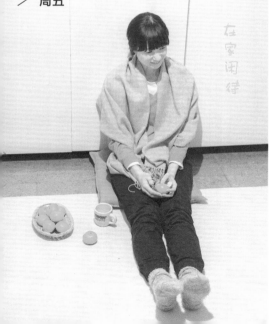

5／周五

在家闲待

6／周六

去附近公园散步

3. 新年正值严寒，防寒保暖最重要。将大码围巾在外套外面紧紧缠一圈可确保暖和；横向宽条纹小包使整体搭配更显轻松。**4**. 乘坐当地电车去购物，勾起昔日回忆。稍显少女系的白裙用风衣上大大的黄铜纽扣与斜背的小挎包点缀。**5**. 在娘家度假，穿得轻便随意些也无妨。不过，大码围巾披裹肩头，内衬露出一抹白色，衣着配饰一丝不苟毫无敷衍之感！**6**. 孩子们在公园里玩耍的时候，自己漫步公园。连衣裙下套着修身长裤，再套进长筒靴，这样穿绝对防寒保暖。**7**. 过年期间的同学聚会很多，不好意思穿得太显眼，就穿一件简单的连衣裙与无领外套亮相吧。室内暖和，还可随意穿脱。

PART

香菜子
自由研究报告
PART 3

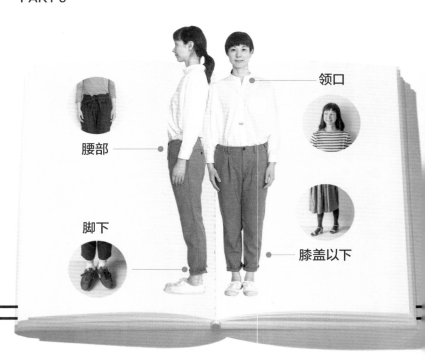

领口

腰部

脚下

膝盖以下

第 3 章 不同部位的穿着搭配

　　"今天这身打扮看起来不太漂亮？"产生这种想法的时候，香菜子会对领口、足部等部位重新审视一番。上衣塞进腰里更好？打底裤套在裙下好吗？真不可思议，这些小调整就能让形象完全改变。本章会分不同部位来介绍如何使整体搭配更加和谐自然！

领口

　　香菜子说，式样简单的衣服穿得漂亮与否，其关键之一就在领口。感觉服装之间搭配得格格不入的时候，就站在镜前再次仔细端详，大抵是内衬的颜色浮起、扣子没系上等这样的问题。相反，如果领口清爽齐整，就会有"就这么定了"的自信，整体美观度也会立刻提升。在此，香菜子将对领周外观、内衬的搭配及穿法等规则做个整理。

V 领

简简单单地穿一件 V 领衫时，只需再添加一条小项链即可。另外，开得深的领口显脸小。

圆领毛衣 + 衬衣

常常忍不住想把衬衣领翻到外面，但其实压在毛衣里面看起来更自然。另外，白色也会使脸色更显明亮。

一字领

只穿一件最干净利落，但要使内衬外露的话，鲜艳的色彩更显可爱。

一字领 + 高领

与一字领最般配的内衬是高领，宽宽松松地随意一穿，即刻透出成熟的韵味。

领口

无领

穿无领罩衫时稍稍多解开几个扣子会更自然。内衬要选与肤色相近的颜色。

帽领

竖起运动衫的帽领是香菜子独有的穿法，在里面配件深色内搭，就不会显得过于休闲了。

大开领

色彩艳丽的款式配上差不多同样领型、色调柔和的内衬，避免衣服不够服帖身体，还能显得苗条。

大开领

穿大开领无袖款衣服时，只需将深色内衣露出一点点，就不会显得过于孩子气。

腰 部

　　同样的衣服，为什么有的人穿得漂漂亮亮，而有的人却穿得别别扭扭？香菜子发现，对腰部仔细打点极为关键。平日衣着搭配完成后，一定要再检查一下腰部。是把衣服塞进腰里还是不塞？系腰带还是不系？还能用其他哪些手段提升腰部美感？有关腰部的装饰，请参考以下六种情况。

上衣塞进腰里

腰部有褶皱、有线绳腰带的裤装套在上衣里面显得很拖沓，这时要将上衣整整齐齐地塞进腰里。

上衣塞进腰里 ＋ 腰带

没有腰带扣的下装也可以随意配条细细的轻便腰带，加了件饰物后，会更显轻松、休闲。

上衣选一处塞进腰里

宽松版罩衫直接穿着不够服帖身体，将下摆的一处塞进腰前的中心处或斜前方即可改变这种情况。

 腰部

凸显色彩层次感

上衣、下衣同为浅色调时，如果内衬选稍深的颜色，即便不系腰带也能突显腰际线。因此，内衬的颜色在整体搭配中要用强调色。

系在腰间

将稍长的亚麻外套系在腰间，下摆大约垂到膝下位置，再将外套的上半部分折起系在腰间，突出搭配的体量感。

短外套

穿短外套会担心弯腰时露出后背，所以选件稍长的贴身内搭穿上，腰部既有了安全感，整体搭配又显得错落有致。

膝下

春夏季节，香菜子爱穿轻盈舒适、凉爽通风的裙装，但天凉下来可就不这么穿了。腰部受凉是健康大敌！这时候，就要在裙子里面添加一件衣物。以下四款搭配，是香菜子的经典穿法。给身体线条增加点变化，用色彩做个调节，搭配不同，呈现的魅力也各有不同。另外，选稍深的颜色，不但容易与裙装搭配，也能使双腿看起来更紧致。

+ 运动裤

与齐膝裙最搭的是运动裤。如果感到这么穿稍有难度，那么线条分明的黑色瘦身款裤子应该较容易尝试，它裤脚的松紧带是个很有时尚感的亮点。

+ 打底裤

宽大的浅色长裙可用黑色打底裤收紧。长裙搭配长度大约包住脚踝的打底裤，再穿上露脚背的芭蕾鞋，是香菜子的固定搭配。

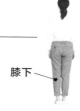

膝下

+ 紧身连脚裤

深色调的紧身连脚裤会
突出线条简练的连衣裙
的高雅特质。除了枣红色,
苔绿色、泛红的灰色等颜
色也可任意搭配。

+ 收腿牛仔裤

收腿牛仔裤笔直的线条
相比打底裤更能恰到好
处地隐藏腿部形状,适合
与短款连衣裙搭配。脚
下配双低调的人字拖,更
显轻松随意。

脚 下

　　"时尚始于足下"，的确，足部处理不好，就难言搭配成功。选的鞋子不同，袜子搭与不搭便成了问题；裤脚挽起的高度变了，袜子与肌肤外露的比例也随之受到影响……尽管足部的搭配相当有难度，但是香菜子说："琢磨足部搭配像玩拼图那么有趣！"现在就学着香菜子的样子，不惧困难，把足部的搭配当作一件趣事来尝试一番吧！

运动鞋

有点正式的毛料裤和薄款白袜与稍显粗笨的运动鞋混搭，略微露出点肌肤更显轻盈。

帆布鞋

用白色"匡威"作深色调搭配的点缀很不错，而将它大胆搭配到浅色着装里统一色调也很有韵味。

系带鞋

脚上是鞋带系得严严实实的黑皮鞋。如果袜子选择白色以外的颜色，比如图中这种深色调的，就会提升传统韵味。

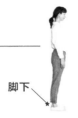

脚下

绒面材质皮带鞋

沉稳的米色下装和绒面皮带鞋，用色调鲜明的袜子作强调，注意要选择颜色不过于醒目的冷色系袜子。

皮凉鞋

凉鞋上搭配材质柔软、韵味十足的泡泡袜，既轻便又可爱。

浅口鞋

最近香菜子特别喜欢薄如紧身裤的袜子，并集齐了各种颜色，还给历来都赤脚穿的浅口鞋也配上了这种袜子。

单色调着装搭配

　　这些日子, 香菜子最在意的是上装、下装颜色一致时的搭配方法。如何不着痕迹地加上点变化, 不动声色地突出重点? 香菜子正对这些微妙之处的调节做着研究。

NAVY——海军蓝

　　单色调搭配的一个铁的原则就是: 要通过材质的差异来使搭配张弛有度, 从而达到自然和谐的效果。如图, 轻便的运动装配上雅致的裙装就恰到好处, 背包与鞋统一选用白色更为清爽。

海军蓝
＋
海军蓝

NAVY——海军蓝

即便都是海军蓝，其色调也千差万别。将亮度稍有不同的服饰按色调浓淡搭配起来，便成了新鲜别致的牛仔装扮。如图，将颜色最深的开衫当作腰带系在腰间，整体搭配显得干练有型。

BLACK——黑色

　　因为黑色给人的视觉冲击力比较强烈，所以无袖衫和裙装应统一用有垂度、有柔度的材质，将上衣塞进腰里更显清爽。另外，衣物宽宽松松的，像充足了气，外观上就有凉爽的感觉。不要忘记用黑色亚麻包代替手袋哦。

黑 + 黑

BLACK——黑色

　　对于易显厚重的"冬之黑"，配上白色棉布大手提袋与稍稍挽起裤脚的长裤就能搭配出脱俗的感觉。因图中搭配色调单一、欠缺层次感，可用深棕色围巾及深蓝色运动鞋等深色物件调节。

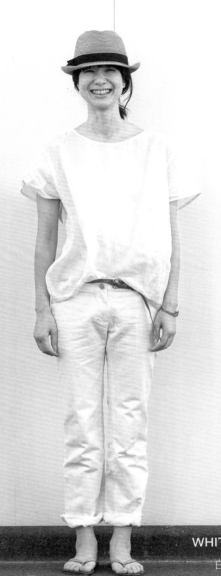

WHITE——白色

　　白＋白搭配起来稍有难度，但纯白＋原白的搭配，可以用帽子、腰带、手镯等小饰物加以调节。另外，为避免给人留下呆板的印象，可将套头衫的下摆的一处塞进腰里，给整体线条增加点变化。

WHITE——白色

　　粗眼针织衫与齐膝裙的搭配，极易穿出少女风，不过只要将这身搭配用白+白的色调处理，马上就有了清爽的熟女韵味。相比华丽的鞋子，脚下蹬一双粗糙有质感的长筒靴效果更佳。

白 + 白

有关着装搭配的 26 问 26 答

　　穿衣打扮自不必说，我们就日常生活、兴趣爱好、对未来的展望等向香菜子提了 26 个问题。没想到竟然得到了配有其手绘插图的回答！

　　什么？带去无人岛的只有葡萄酒和舒适的睡床？到底是香菜子，真不是一般人物。感觉有许多使人快乐的启示就深藏在这些回答之中呢！

Q 想穿着高跟鞋漂漂亮亮地出门，却偏逢大雨！这时，该怎样打扮？

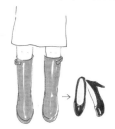

可以考虑齐膝裙等与高跟鞋和雨靴都能搭配得来的款式，这样就能穿雨靴出门，到达目的地后再换上高跟鞋！

Q 与久别的朋友约见的时间迫在眉睫，该穿什么却迟迟定不下来！这时候该怎样摆脱困境？

从脑中过去储存的数据库里拽出"固定搭配"，选定一套穿出去。

Q "选出一件喜欢的衣服当作制服每天穿着上学"，假如要去一所有这种校规的学校，那么该选择什么样的着装？理由是什么？如果香菜子遇到这种情况，想去学什么专业呢？

穿简约版白色亚麻外套，外套下面随便。因为医生与搞研究的人员都穿这种白衣服，普遍都有型。我想穿着这套制服研究生物工程。

Q 睡懒觉误了出门，慌慌张张的，衣服怎么也搭配不出好看的样子，这该如何是好？

只能抱着"今天，这就是最漂亮的一身"的心态来闯过难关。如果这样还不行的话，就奔进低价店，咬牙买套新的来穿。

Q 为了能够购买某心仪品牌的衣服，不知不觉间存了好多钱！这时候该买什么？

高品质的外套。最近对"United Bamboo"（品牌名称）情有独钟，想先去那里看看。

Q 最近在街头见到过时尚达人吗？他们是什么样的人？哪些穿搭技巧值得参考？

在百货店地下食品卖场见到过一位法国人模样的老爷爷。他的裤子的长度和颜色与袜子的搭配堪称绝妙。我照单全收！

Q 旅途中只带了一条式样简单的连衣裙，却突然接到名人发来的宴会邀请函！这时候该添置点什么？

高品质的、小巧的珍珠项链。

Q 不易搭配的服饰有什么共通点？

没考虑到与手头现有的服饰是否能协调搭配，只因可爱就扑过去买下衣物，就会出现这样的状况。有很多色泽亮丽的针织衫、衬衫都属于这种情况。还有时被服装店的店员一夸"真合身啊"，脑袋一热就买下的衣物也不在少数。

Q "请以喜爱的电影为主题画幅插画"。假如受托做这样一份不错的工作，那么香菜子会画哪部电影中的哪个场景？

想画《谜中谜》中奥黛丽·赫本在滑雪场上的情景。因为滑雪服绝对可爱，颜色也漂亮！

Q 假如香菜子被任命为《休闲装》杂志的总编，创刊号的专集名与内容是什么？

专集名定为"尺寸之妙"。感觉搭配出好看的服饰的大多数问题出在尺寸上，我们可以想出些点子，请裁衣店改成合身的尺寸或研究突显尺寸感的穿法。

Q 哎呀！肚子上长出烦人的肉肉啦……该用什么办法恢复体形？

运动。身体是精神的表现，用衣服无法遮掩，我觉得自律是时尚的要素之一。

Q 如果要开个休闲装精品店，香菜子会上架
什么样的服装与小饰物？

上架多种尺码的白衬衣，还有各种不同色调与尺码的牛仔裤。另外，款式普
通、质量上乘、始终能穿的开衫也是尺码越多越好。还有颜色、长度等种类
丰富、齐全的袜子也想在店里上架销售。当然不应忘掉的是白色亚麻提包，
还有包包也要分用途备上各种各样的形状与尺寸。

Q 假如要开一家以"与休闲装搭配的美甲"为主题的美甲店，
会推荐什么项目和样式的美甲？

奶油色与灰蓝色在指甲上
纵向各涂一半。

配置有指甲整形、角质护
理、营养护理等项目的顶
级护理套餐。

米色+白色的法式美甲。

手指交替涂上米色与灰色。

巧克力色+美甲封层胶。

Q 如果要开间能穿着休闲服装轻松惬意就餐的小餐馆，香菜子会开家什么样的店？招牌菜是什么呢？

Q 如果要开间工作室，香菜子想把房间布置成什么样？

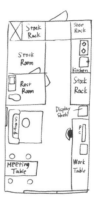

会开一家能让年轻人多吃蔬菜、补充营养的店。如果是对于老年人，则想开一家能与茶友或酒友轻松愉快地打发时光的小饭馆。招牌菜有法式派、法国乡村面包、自然派葡萄酒。不建立网站。

宽大的工作台与会议桌必须有。再很自然地摆放一个玻璃装饰架，房间里全放上自己喜欢的东西。

Q 假如要去无人岛，香菜子打算带什么物品呢？

穿着舒适的连衣裙、椅子、桌子、喜欢的音乐、美味葡萄酒、下酒菜、睡着舒服的床。

Q 明天有面部特写摄影，为使皮肤光泽有弹性，前一天夜里该怎样做紧急护理？

一边泡澡一边用蒸热的毛巾热敷面部，确保皮肤湿润。再用刮痧板做淋巴按摩。

Q 工作日程满满地排了一整周。如果被告知"现在有两个小时的放松时间"，香菜子如何放松？

做两小时芳香按摩。

Q "吭"的一声，珍贵的器物摔碎了，怎样平复情绪？

这是一个能再买件新器物的机会！

Q 家人们先行一步回乡探亲了，可以独自一人过一天，香菜子准备怎样度过这一天？

联系朋友，预定一家只有成年人才能结伴同去的餐馆，喝杯美酒、吃顿好饭。

Q 假如要做个纪念相册，记录印象最深的电影和书，香菜子要记录的分别是什么？

电影：小时候去电影院看了两遍《大魔域》。这是部让人既感到悲伤又充满希望的电影。那会儿，我应该上小学吧，被电影中女王的美貌深深吸引，拼命想记住饰演幼年女王的小演员 Tami Stronach 的名字。

书：向田邦子全集，我一有机会就会拾起来细读，至今如此。初读是因为高中时读的《回忆，扑克牌》，后来看了《女正月》等电视剧并读了单行本。每次阅读，铭刻在心的部分及拨动心弦的篇章都有所不同，由此也让我注意到了自身不断的变化。

Q 不知不觉间，飞行里程数已经积攒了好多好多，但下个月到期：这时香菜子想去哪儿，会去做什么？

去加拿大的盐泉岛。因为岛上有机产品众多，想去品尝美味佳肴，过过闲散日子。

Q 如果被要求列出今后想做的事情的清单，总共三件，会是什么？

1. 建一个理想的家。

2. 留学一年。

3. 走遍日本的每个角落，探索日本！

Q 如果被要求列出想一直做下去的事情的清单，总共三件，香菜子的会是什么？

1. 永远拥有能说出"谢谢"的从容。
2. 无论何时都能保持开开心心地外出（购物、旅行、约会）的体力。
3. 永远保持穿上喜欢的衣服时的好心情。

Q 假如可以乘坐时间机器回到二十多年前的世界，有了可以与高中生时的自己对话的机会，会对自己说什么？

学好英语，世界会一下子在你面前拓展开来。

Q 假如可以乘坐时间机器前往三十年后的世界，见到了未来的自己，希望自己会是什么样的？

白发整齐、气质高雅的人，穿衣风格应该跟现在没什么大变化。

PART

香菜子
自由研究报告
PART 4

失败 & 成功
的搭配案例

第 4 章 经典与个性搭配

这是香菜子最近的课题："想把因太经典而略感普通的横条衫和牛仔裤穿出'即时感'""准确合理地穿着流行式样的运动装等个性款式"。在此，香菜子要将这两个难关彻底攻破！当然，失败案例也会一一呈现出来。

01 横条纹衫

横条纹衫

　　香菜子从小就喜欢公认的经典款——横条纹衫，其中特别心仪的是"条纹间隔、领口大小、合身度均最佳"的黑白横条纹衫，因为这样的衣服不管与什么款式的衣服搭配都能穿出自己的个性。正可谓"有困难找横条纹"。

　　不过香菜子最近注意到一个问题，那就是：尽管这个款式是经典中的经典，但只是简单一穿的话难以彰显自己的个性。为求安心而不敢冒险，最终穿法上又会陷入公式化的老一套里。因此，本节要对横条纹衫更新鲜的穿法、更可爱的色彩搭配做个研究。从基本色到活泼色，再次挖掘横条纹衫的魅力。

应用

失败

或许紫色有"夜的情调"，但它跟横条纹的"海的气息"并不相称；粉色搭配横条纹衫也有跳出感，不易搭配在一起。

穿横条纹衫的时候，鞋子或袜子中的一件要选同一色系的款式，这样可提升搭配成功的概率。

灰色 2

橙色 3

柠檬黄色 4

成功!

跟这些颜色都搭!

褐色 5

红色 6

蓝色 7

米色 8

1. 沉稳的深绿色使活泼的海军衫显得端庄成熟。**2**. 横条纹与灰色，能够放心穿的双重经典搭配，可选用柔软的毛料材质的针织衫。**3**. 可搭配接近朱红色的橙色等艳丽色彩的袜子作为小饰物，既和谐又可爱。**4**. 横条纹跟荧光柠檬黄色也很容易搭起来。"即便是稍稍新颖的颜色，只要感觉轻盈，也能自然搭配。"**5**. 棕色可恰到好处地平衡横条纹的休闲感觉，突出安稳、宁静的气质。**6**. 用"蓝、白、红"这样的三色搭配有点不好意思，但"黑、白、微红"的话看起来就很有品位了。**7**. 经典的蓝色，选用紧致的深色也倍感新鲜。**8**. 与浅米色外套搭配也很得体。

02 白衬衣

白衬衣

不留意款式的话，式样简单的白衬衣会穿出"制服感"，可见经典也不容易穿得好看。

最喜欢白色并拥有多件款式不同的白衬衣的香菜子，在这两三年里也碰到了不少难题。穿着白衬衣最重要的是穿出内敛的熟女气质。经过多次尝试，她总结出了成熟女性的最佳穿法：

只穿一件时，连领子、袖子的处理都得关照到，套穿则要合理调节衬衣各部分的外露面积。白衬衣搭配上不同的款式的衣服会穿出不同的效果，在此逐一介绍它与不同服饰搭配时的最佳选择。

失败

从圆领毛衣里露出衬衣领，或与 V 领针织衫套穿，这样会让你马上变身学生妹，很难将白衬衣穿得与年龄相符……

搭配牛仔裤 **1**

搭配亚麻外套 **2**

搭配运动衫 **3**

搭配连衣裙 **4**

搭配高领衫 **5**

搭配裙装 **6**

搭配深色衣服 **7**

1. 解开两颗纽扣，干净利落地露出整个面部；将袖口卷到露出手腕的高度，再配上眼镜等小饰物，经典的牛仔裤搭配也能穿得清新俏丽。**2**. 柔软的亚麻外套配上白衬衣感觉很清爽，将衬衣下摆塞进腰里，袖口要多露出一些。**3**. 不光领口，将白衬衣的下摆和袖口也露出来，休闲轻便的运动衫也能穿出熟女味。**4**. 白衬衣会给深色宽松连衣裙增添轻盈感及正装感，注意袖口纽扣要系整齐。**5**. 衬衣领与高领衫领子都竖起来到一样高，这么穿感觉迅速变身"地道的巴黎女人"。**6**. 将衬衣塞进长裙里，后身线条要调节得宽松一些，袖子可大胆地往上挽。**7**. 香菜子说，白衬衣是最活跃的搭配款式，在浓重的色彩中配上它，会让白色更显整洁。

03 牛仔裤

牛仔裤

　　不呆板、不僵硬的牛仔裤也是经典休闲搭配的代表。不过如今看来，总有种轻松简单却"偷工减料""敷衍了事"的感觉，如果打理再不得当，会给人土里土气的印象。这样的后果很恐怖！一旦出现这种情况，你会怀疑难道是因为体形变了，年轻时只要搭配上简简单单的 T 恤衫就能穿得很有型的牛仔裤，如今怎么这么难搭配……

　　于是，香菜子开始重新研究与现在的年龄、现在的形象最相称的牛仔裤款式，严肃地面对现实后发现，照搬以前的那一套行不通了。

　　实验的结果表明，通过搭配熟女气质的饰物或者给身体线条增添个性化特点，牛仔裤的休闲感便被中和，进而展现出沉稳干练的一面。现在终于可以一览期待已久的熟女牛仔裤式样了。

失败

羽绒服+牛仔裤

这种同为休闲款的搭配倒也说得过去，
但有种说不出的"糊弄感"……

配黑色上衣

用黑色上衣提神是最易成功的方法，再配上腰带与高跟凉鞋，感觉更雅致。

配成人装与小饰物

推荐将牛仔裤当作提升脱俗感的元素，将其与线条紧致的上衣、手提包、皮鞋等一系列高档款式的物品搭配。

配宽松上衣

以前通常是牛仔裤配衬衣，现在搭配轻柔的罩衫同样有效。将上衣宽宽松松地塞进腰里，柔美的形象呼之欲出。

配大码围巾

牛仔裤跟极具个性的几何图案围巾搭配最自然。像要包住身体一样，将围巾宽宽大大地缠裹在身上，更显成熟韵味。

04别致的搭配

别致的搭配

前面已介绍了横条纹、白衬衣和牛仔裤，将这些已有的经典款式变变式样、换换材质，就能起到别出心裁的效果。这种"看起来跟往常一样，却稍有不同"的感觉，有着令人不可思议的安全感与魅力。

不过，用"跟往常一样"的感觉来搭配着装是不是隐约有些糊弄？在此就要巧妙运用这个"有所不同"来再构建新的搭配。这样，加进了独特个性色彩的新鲜的搭配方法就会不断被发掘出来。大冒险需要有勇气，但"跟往常一样"的安全感也能拓展衣着穿法的广度，这就是"别具一格的经典"。

横条纹 + 开衩衫

成功

圆形、稍大的篮式提包

发现了一款在两侧有很深开衩的横条纹衫，便忙不迭地研究起来。将这个开衩衫的前身塞进腰里，使形象颇具个性。

因为篮式提包的独特的存在感能成为冬季搭配里的亮点，所以我选择购买它，感觉这款包比经典的草编篮的时尚度更高。

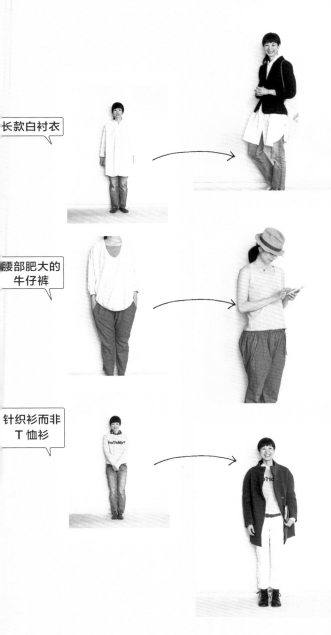

长款白衬衣

长款衬衣直接外穿
显得体量过大。而上
面套上夹克衫并系
一颗纽扣，就能恰到
好处地将线条收敛，
显得很有精神。

腰部肥大的
牛仔裤

宽松加长的上衣会使
腰间显得不利索，穿
件小巧的背心就显得
很清爽，还可加件小
饰物突出重点。

针织衫而非
T恤衫

带有字母的针织衫
直接穿在外面可能
比T恤衫更显孩子
气，但如果只是从外
套里稍稍露出一点，
马上就有了成熟的韵
味，很不可思议。

01色彩服饰

色彩服饰

　　"经典"之后要研究的课题是"个性"。首先，香菜子针对平时常穿的色彩鲜艳的衣装做了一番研究。香菜子有时会把个性色彩用作强调色，但用于主色还是有点顾虑。

　　"搭配巧妙的话，肯定会可爱，这一点我自己也清楚，可无论如何都有跳戏的感觉……"

　　由此，本章将从芥末黄针织衫及胭脂红裙子开始实验，因为这两种颜色属深色系，与基本色相对易搭。那么，与这两种颜色最搭的到底是色彩浓淡度相差无几的深蓝色、黑色或是轻盈的白色，还是万能的灰色？分别搭配实验，结果很明显。

失败

深蓝 + 芥末黄
结果是"同为深色过于浓重"。

胭脂红 + 黑
倒是不糟糕，但"正装感"洋溢，难作休闲装……

芥末黄色针织衫　　　　　　胭脂红色裙子

成功!

由此判明, 清爽的纯白才是铁的搭配! 针织衫加有光泽的薄款棉布裙, 大胆地穿上有字母的 T 恤, 有意识地突出脱俗感, 更显轻盈。

应用

这两种颜色与灰色搭配也相当不错, 在这里稍稍加入上例实验成功的白色, 显得更加自然和谐。注意, 要选用色调稍浅的灰色。

02 螺纹裤脚

螺纹裤脚

以运动裤为代表，裤脚带松紧带的裤子已是满大街可见，香菜子对此很关注。常常目送这种裤装远去良久，感觉要将线条搭配和谐似乎颇有难度，索性买来。实验得知，它只有普通裤装所不具备的这种"宽松与紧凑"的线条，同样能轻松穿出时尚色彩。轮番搭配实验过后，香菜子发现了最出彩的搭配。于是，不知不觉间，裤脚带松紧带的裤装也成了香菜子衣橱里不可缺少的存在……

现在香菜子手中有三款这样的裤子：有光泽感的款式，可以当作盛装穿出门；灰色运动裤，与非开放型款式搭配，绝对时尚脱俗；黑色紧身裤，沉稳中透露着随意，想装扮得流行时尚时最为合适。但是，无论哪款都应避免选择线条过于重叠繁琐的式样。

失败

应避免在运动裤上搭配运动衫、连帽衫等。最要紧的是别穿成家居装模样。

成功！

有光泽感的长裤

为使裤子的宽松线条看起来并不拖沓，或将罩衫塞进腰里，或将法兰绒衬衣系在腰间，不动声色地勾勒出腰际线。

运动裤

对于想把双排扣长风衣穿出休闲效果的香菜子来说，运动裤成了新的固定搭配。跟针织衫搭配的话，白色或色泽鲜艳的服饰最显整洁。

瘦身版运动裤

将松紧带部分塞进半长筒靴里颇显清爽。同时，宽松地系上一条大码围巾也显得和谐自然。对于容易造成过于隆重感觉的黑加黑的搭配，有了裤脚松紧带的看似不经意的点缀，便能恰到好处地放松下来。

03 皮革饰物

皮革饰物

　　在香菜子的休闲装中搭配登场的包包大多是布包、篮式提包以及毛料手套，因为感觉密实的皮制品还不适合自己，所以迟迟不敢出手。不过最近工作外出的机会多了起来，所以有了"是不是快到了用用也无妨的年龄呢"的想法，便开始一点点购置适合自己的皮制小饰物。

　　包包选择休闲味浓重的大尺码样式，手套则选不带金属配饰的简约版，都是很低调的款式；手镯、手表等也选购能自然随意佩戴的式样；皮制品也跟其他饰物一样，只要重量及轻便度合适，便可毫无突兀地随身佩戴。

成功！

　　皮制品相比于金属制品更易佩戴。将手表戴在与表带同色系的针织衫上面，不会显得过于老成；可以挽起袖口，将手镯干净利落地佩戴于腕间。

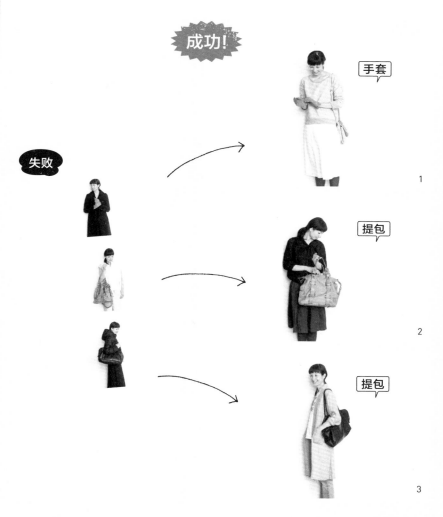

1. 运动衫＋皮制手套

似乎难以穿出时尚感，大胆地与运动衫等轻便的休闲装搭配，倒是显得相当干练。

2. 体量颇大的棕色提包＋深色衣物

衣物的存在感严重不足，配上材质厚重或深色的衣物，厚重感似乎得到了完美平衡。

3. 黑色提包＋浅色衣装

这样搭配显得过于沉重，而配上厚材质的亚麻外套，哪怕是浅颜色，也能恰到好处。

p.02~03

p.04~05

① ELLEBI, 无印良品，自制

② ZARA,MERCI,LOTA PRODUCT,Mature ha, GAP

③ Kai-aakmann,CorteLargo, Fog linen work,FLW, BORDELLE

④ Fog linen work,Light,GAP, BIRKENSTOCK, 购于杂货店, United Arrows

p.2

⑤ Note et silence, URBAN RESEARCH DOORS, Comme des Garcons,NIKE

p.3

⑥ CorteLargo, 郑惠中 （中国台湾服饰品牌）， Homspun

p.2~3

8 Le:onto, Agnes b

9 ACQUAVERDE, Agnes b

7 Le:onto,Vanessa bruno, Homspun

10 ACQUAVERDE, Vanessa bruno,Homspun

p.4~5

12 无印良品，Agnes b, FABIO RUSCONI, BORDELLE

11 ZARA,Allegri,United Arrows, 购于精品店 ,Traction,GAIMO

14 DRESSTERIOR, 渡边淳弥· Comme des Garcons, 无印良品，购于旧装店

13 FLW,A.P.C.、CONVERSE

⑮ H&M, 无印良品，袜子店，
FABIO RUSCONI

⑯ H&M,FLW, 购于杂货店，
CONVERSE

p.6~7

㉑ Omas Hande, 手式，
购于饰品店

㉒ Le:onto,Agnes b

⑰ FLW,FLW, 靴下屋，
Martine Sitbon

㉓ Homspun,Fog linen work, 靴下屋，
MARGARET HOWELL

⑱ Homspun,Homspun,Soil,
靴下屋，购于旧装店

㉔ JOURNAL STANDARD

⑲ FLW,SIGNA1925、SMELLY

㉕ SIMPLICITY,URBAN RESEARCH DOORS,
Brontibay Paris

⑳ MARGARET HOWELL,Hamill,
购于杂货店，Helmut Lang

㉖ Kitica,Agnes b,
购于 VIA BUS STOP, 靴下屋

㉗ GAP,Traction

31 无印良品，Nitca,
FABIO RUSCONI,Homspun

28 无印良品，
Lourmarin,NIKE

32 Note et silence,
CorteLargo,Vans

29 购于旧装店，无印良品，
靴下屋，FABIO RUSCONI

33 无印良品，Note et silence,
靴下屋，Patrick Cox,HERMES

30 无印良品，FLW,
CONVERSE

35 Light,Ebonyivory,
Miu Miu

36 Light,Ebonyivory,
Miu Miu

34 Homspun,Pal'las Palace,
Fog linen work,MIUSA

37 CorteLargo,
郑惠中，
购于旧装店，
United Arrows

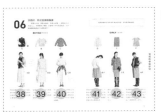

p.12~13

40 SIMPLICITY, 无印良品，
郑惠中，Vans

41 JOURNAL STANDARD relume,
Homspun, 靴下屋，
FABIO RUSCONI

42 SIMPLICITY,GU, 靴下屋，
Comme des Garcons, 购于旧装店

38 GAP, 郑惠中，
LOTA PRODUCT,Vans

39 JOURNAL STANDARD relume,
郑惠中，购于杂货店，Vans

43 GAP,Homspun, 靴下屋，
FABIO RUSCONI

p.14~15

 45 FLW 49 ELLEBI

 46 Homspun 50 A.P.C.

47 PETIT
BATEAU

51 The north
face

48 Eel

52 染色工房，
A.P.C.

44 Omas Hande,Agnes b,
FABIO RUSCONI

08 物品的相关信息说明

p.16~17

57 GAP, 手式,
Homspun,BIRKENSTOCK

53 H&M,GAP,A.P.C.,
靴下屋，LOTA PRODUCT,
FABIO RUSCONI

58 MIUSA,MERCI,
Havaianas

54 Homspun,ACQUAVERDE,
MARGARET HOWELL,
无印良品，Knirps

59 H&M,Mature ha

55 Homspun, 无印良品

60 Comme des Garcons,
郑惠中，The north face

56 Light,Vanessa bruno,
NIKE

61 无印良品,
MARGARET HOWELL,
FLW

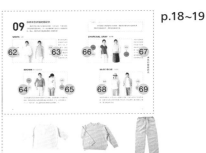

p.18~19

p.20~21

71 Burberry 、 Le:onto,Nitca,
Omas Hande,Repetto,
LOTAPRODUCT,United Arrows

73 Le:onto,PETIT BATEAU,
Grin,FABIO RUSCONI,
Homspun

72 Homspun, 靴下屋，
Comme des Garcons,SARTORE

p.24~25

74 MIUSA,MIUSA,Miu Miu,
URBAN RESEARCH DOORS,
BIRKENSTOCK,Fog linen work

75 Fog linen work,MIUSA,
Miu Miu,BIRKENSTOCK,
无印良品，Homspun,Soil

p.26~27

76 Fog linen work,Soil,
BORDELLE,NIKE

79 Miu Miu, 无印良品，Soil,
URBAN RESEARCH DOORS,NIKE

77 Fog linen work,MIUSA,
URBAN RESEARCH DOORS,
United Arrows, 购于旧装店

78 Miu Miu,MIUSA,Pal'las Palace,
无印良品，United Arrows,
购于旧装店

80 Fog linen work,MIUSA,
Pal'las Palace,Miu Miu,
BORDELLE,NIKE

p.28~29

81 Light,United Arrows,Mature ha,
Prada,BIRKENSTOCK

82 Homspun,United Arrows,GAP

p.30~31

85 omspun,A.P.C.,Be-around,
LOTA PRODUCT,BIRKENSTOCK
（勃肯）

83 Le:onto,Homspun,
Be-around,GAP, 购于杂货店

86 Homspun,Light,Sans Arcidet,
SARTORE,Be-around

84 Le:onto,A.P.C.,Prada,
SARTORE, 购于 VIA BUS STOP

87 A.P.C.、 United Arrows,GAP,
Mature ha,Sans Arcidet

p.32~33

88 ZARA,MHL.,Homspun,CONVERS
E,Comme des Garcons,YAECA

89 H&M,A.P.C.,MARGARET HOWELL,
购于杂货店 ,Homspun

p.34~35

90 ZARA,H&M,A.P.C.,
Comme des Garcons,
CONVERSE

93 FLW,Homspun, 郑惠中

91 FLW,MARGARET HOWELL,
YAECA,Vans

94 MHL.,MARGARET HOWELL,
郑惠中，购于杂货店

92 FLW,MARGARET HOWELL,
A.P.C.,CONVERSE

p.36~37

96 FLW,ZARA,FABIO RUSCONI,
MartineSitbon,Agnes b

95 A.P.C.,GAP, 兔子会,
BIRKENSTOCK

p.38~39

97 Note et silence,
FLW,Deuxieme Classe,
染色工房

98 购于旧装店，A.P.C.,
Agnesb,MartineSitbon,
BIRKENSTOCK, 兔子会,
Deuxieme Classe

99 Note et silence,ZARA,
MARGARET HOWELL,
兔子会，GAP

100 Note et silence,ZARA,
MARGARET HOWELL,
兔子会，GAP

101 Note et silence,ZARA,
MARGARET HOWELL,
兔子会，GAP

p.42~43

106 Homspun,GAP

102 Morris & Sons,
Ebonyivory,
BENSIMON

107 LE GLAZIK,
PETIT BATEAU

103 ZARA

108 Yoggy sanctuary,
PETIT BATEAU

104 Homspun,Eel

109 Le:onto,H&M,
American Apparel

105 Homspun,
PETIT BATEAU

110 Homspun,H&M

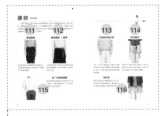

p.44~45

112 NOMBRE IMPAIR,
MERCI,ZUCCA

111 URBAN RESEARCH DOORS,
手式

113 Morris & Sons,A.P.C.

114 ZARA,PETIT BATEAU,
FRAMeWORK

116 Marni, 无印良品 ,
URBAN RESEARCH DOORS,
ZUCCA

115 FLW, 购于旧装店 ,
URBAN RESEARCH DOORS

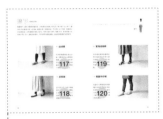

p.46~47

117 Agnes b,ZARA,
Vans

119 Agnes b,ZARA,
Vans

118 郑惠中，无印良品 ,
Pretty Ballerinas

120 Agnes b,ZARA,
Vans

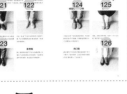

p.48~49

121 URBAN RESEARCHDOORS,
United Arrows,NIKE

122 URBAN RESEARCH DOORS,
Homspun,CONVERSE

123 A.P.C., 靴下屋，购于旧装店

124 Fog linen work, 靴下屋,
BIRKENSTOCK

125 Note et silence,
Fog linen work,SARTORE

126 郑惠中 , 靴下屋，GAIMO

p.50~51

127 GAP,MERCI,
LOTA PRODUCT,
Bleu Bleuet,Repetto

128 购于旧装店， Le:onto,LEE,
Tricker's, 购于杂货店， LEE

p.52~53

129 GAP,MERCI,LOTA PRODUCT,
Bleu Bleuet,Repetto

130 购于旧装店，Le:onto,LEE,
Tricker's, 购于杂货店，LEE

p.54~55

131 Note et silence,
Deuxieme Classe,ZUCCA,
DEPT,GAP,Bleu Bleuet

132 Comme des Garcons,
Agnes b,Promod,
FABIO RUSCONI

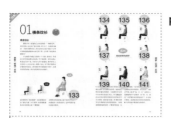

p.68~69

Agnes b, 渡边淳弥 · Comme des Garcons,United Arrows

133 Marimekko, Fog linen work,NIKE

134 Amier le mieux

138 ZARA

135 ACQUAVERDE

139 PETIT BATEAU

136 靴下屋

140 FLW

137 Nitca

141 Burberry

p.70~71

142 Traction, Levi's

Eel

143 JOURNAL STANDARD relume,Fog linen work

144 Helmut Lang,
ZARA

 146 Homspun   147 郑惠中

145 FLW,
FRAMeWORK,
ZUCCA

   148 Fog linen work,Homspun,
渡边淳弥 · Commedes Garcons

 p.72~73

149 H&M,URBAN RESEARCH DOORS,
ZUCCA,SARTORE

151 Ebonyivory,
URBAN RESEARCH DOORS,
Martine Sitbon,BENSIMON

150 Homspun,Levi's,
Comme des Garcons,
购于旧装店

152 ZARA,Kvivit,
JOE'S,CONVERSE

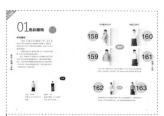

160 Light,ZARA

162 ZARA,A.P.C.,
LOTA PRODUCT

161 Eel,ZARA,
Martine Sitbon

162 无印良品，ZARA,
LOTA PRODUCT

p.78~79

164 Ebonyivory,CorteLargo,
GAIMO

167 Private Stage,
MARGARET HOWELL,
YAECA,Vans,FLW

165 无印良品，SIMPLICITY,
CorteLargo,CONVERSE

168 ZUCCA,Kvivit,ZARA,Tricker's

166 Burberry,
URBAN RESEARCH DOORS,
YAECA,Homspun,NIKE

169 Le:onto,H&M,ZARA,MINX

101

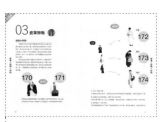

p.80~81

170 Private Stage,ZUCCA,RO

173 FLW, 无印良品，靴下屋，
Via Repubblica

174 FLW,Light,LEE,Raregem

171 Spick and Span,H&M,
MARGARET HOWELL,
HERMES

172 JOURNAL STANDARD relume,
Agnes b, 靴下屋，
UNIQLO,Promod

小结 ━━━━━━━━━━━━━

实 惠 万 岁 !

在穿着方面，香菜子也经常购买便宜实惠的服装
款式。选择式样简单的，只需通过变换颜色去改
变穿搭的款式才最关键。

1. 这款镶有黑石的磁石耳钉是与女儿一起在常
去的饰品店 Claire's 花了 400 日元（约 25 元人
民币）买的。**2.** 在大创百元店发现的这件杂货，
形似笔袋，颜色可爱。**3.** 花 1000 日元（约 60 元
人民币）买到的三副手套。**4.** 这个大背包也购于
大创。